百年記憶兒童繪本

李東華｜主編

三十二個糰子

左昡｜**文**　　錢明鈞｜**繪**

中華教育

大華和小貞是兄妹倆，住在牛角坡上。

他們的爸爸是安源煤礦的一名礦工，媽媽會做很好吃的米糰子，但已經很久沒做過了。

大華家有三個學生。

大華原來是煤礦教會小學的學生，後來有了工人子弟學校，他就不再去教會小學了。在子弟學校他還加入了兒童團。

小貞剛上學，在子弟學校上一年級，是班上唯一的女學生。

爸爸是工人補習學校的學生，白天下井挖礦，晚上上課學習。

學校裏，大華最喜歡蔡老師。
蔡老師說話口音和礦上的人不一樣。
媽媽說他是湖南人。
白天，他是被孩子們喜愛的蔡老師。
等到晚上，他就是被工人們敬重的蔡老師。

　　蔡老師讓大華做兒童團的小隊長。

　　同學們家家都一樣，全靠爸爸辛苦勞動所得的工餉生活。

　　爸爸們已經好幾個月沒有拿到工餉。工頭大鬍子只讓工人們玩命幹活兒，卻一個錢不發。礦上的工人都沒錢買米。

　　朱三兒的爸爸前些天死在了礦井下。

放學後，小貞跟着大華，和朱三兒、小石頭上街去講演。

不纏腳，不纏腳，一雙大腳走天下！
剪長髮，剪長髮，多看新戲進步大！

大華的銅號響，朱三兒的肚子叫得比銅號還要響。
朱三兒家已經斷了米，他一整天只吃了一個紅薯。
大華把自己口袋裏唯一的吃的給了他。

以前，小貞最喜歡跟着爸爸媽媽去路礦工人俱樂部看蔡老師演文明戲，還和工人們一起唱《工友歌》：

被污辱的是我勞工，被壓迫的是我勞工。
世界啊，我們來創造，
壓迫啊，我們來解除。
創造世界除壓迫，顯出我們的威風。
聯合我勞工，團結我勞工，
勞工，勞工，應做世界主人翁。
應做世界主人翁。

9

可現在，工人們不看戲也不唱歌，只和蔡老師一起，一晚接一晚地開會。

小貞天天跟着大華他們在俱樂部門口玩。

大華告訴小貞，一看見工頭大鬍子過來，就大聲地哭，大聲地喊。

大鬍子最討厭工人們開會。他害怕工人們團結起來，反對他。

「工頭來了。工頭來了！」
大華的聲音就像是下課鈴，大家聽到後，就馬上從後門撤退了。

大鬍子又撲了個空。

小貞喊道：「我要看戲，我要看戲！」

「來晚了，戲散了。」大華爸爸說。

大鬍子冷笑一聲，說：「等着吧，有你們的好戲看！」

爸爸低聲說：「等着吧，好戲在後頭。」

這天早上，媽媽把家裏最後一點米做成一個大大的米糰子。
沒給大華吃，也沒藏起來給小貞吃。
媽媽說，這是給爸爸吃的，爸爸要去幹大事。

小貞用泥巴做了好多「米糰子」。
媽媽說，等過幾天爸爸要到工餉，就給大華和小貞蒸一大鍋真正的米糰子。
大華說：「我能吃八個！」
小貞說：「我還要請朱三兒、小石頭一起來吃！」

大華和小貞沒想到的是，幾天過去，爸爸的工餉
沒有等來，米糰子沒有等來，礦上卻來了一羣兇狠
的「強盜」——那是礦主和工頭搬來的
兵，用來對付工人的惡兵。

蔡老師和學校的其他老師都被抓走了。
大華和小貞讀的工人子弟學校關了門。爸爸讀的工人補習學校也關了門。

「想要有飯吃，就給我老老實實去上工！」大鬍子的聲音像破鑼一樣難聽，「工人就是做牛馬的命！不老實的，活該餓死！」

「小姑娘，餓了吧？來，吃個香噴噴的肉包子。」大鬍子哄小貞，「回家告訴你爸爸，上工去！米也有，肉也有，保你一家吃個夠。」

「呸！」大華拉着小貞走，「誰吃你的肉包子！」

爸爸説，被關進監獄的老師們，已經兩天沒給飯吃。

再餓兩天，恐怕受不住。

媽媽説，要是能給他們送點飯去就好了。

可是哪裏有錢買飯？誰又能把飯送進去？

大華帶着兒童團，挨家挨戶去募捐。

你出一分錢，我出百粒米。甚麼都沒有的，就出一句話。
「走，我去幫忙！」

一、二、三、四、五…… 一共做出了三十一個米糰子。

比肉包子香！

「大華，你怕不怕？」媽媽問。

「我是兒童團。我不怕！」大華一邊説，一邊接過包米糰的布袋，綁在腰上，用衣服遮住。

「朱三兒、小石頭，你們怕嗎？」爸爸問。

「我們是兒童團，我們不怕！」朱三兒和小石頭也有樣學樣，藏好了飯糰。

「我也不怕！」小貞説，「等我長大了，也是兒童團！」

兩個看守在下棋，三個孩子玩
「鬥雞」，小貞抱着小貓咪，一不留
神，「喵」，小貓「溜」走啦！

29

「我的貓！我的貓！」小貞大聲哭喊。

大華、小石頭和朱三兒追着貓，就往關老師們的屋子那邊跑。

米糰子，長了腳，一個一個接著跑。
跑到老師手裏面，一口吃個七分飽。

「走上前去，同志們！向前，曙光在前頭！」窗外傳來大華的聲音。這是蔡老師教給同學們的課文。

「走上前去，同志們！向前，曙光在前頭！」
牢房裏，蔡老師和其他老師跟着輕輕地唸。

大華和小貞以為，有了米糰子，
老師們就不會餓倒了。

回到家，他們安心地睡着了。
他們相信，明天一定會更好，一定！

欺壓人的強盜可不這麼想。
他們下了毒手。

爸爸們被迫重新去上工。
朱三兒的媽媽帶着他離開
煤礦，去外地討飯了。

但大華知道，工人們不會放棄。
總有一天，我們還要走上前去！

一個接一個，勇敢地，向前去。

◎ 責任編輯　楊紫東
◎ 裝幀設計　鄧佩儀
◎ 排版　鄧佩儀
◎ 印務　劉漢舉

百年記憶兒童繪本

三十二個糰子

李東華｜主編　　左昡｜文　　錢明鈞｜繪

出版｜中華教育

香港北角英皇道 499 號北角工業大廈 1 樓 B 室

電話：(852) 2137 2338 傳真：(852) 2713 8202

電子郵件： info@chunghwabook.com.hk

網址： http://www.chunghwabook.com.hk

發行｜香港聯合書刊物流有限公司

香港新界荃灣德士古道 220-248 號荃灣工業中心 16 樓

電話：(852) 2150 2100　傳真：(852) 2407 3062

電子郵件： info@suplogistics.com.hk

印刷｜迦南印刷有限公司

香港葵涌大連排道 172-180 號金龍工業中心第三期 14 樓 H 室

版次｜2023 年 4 月第 1 版第 1 次印刷

©2023 中華教育

規格｜12 開（230mm x 230mm）

ISBN｜978-988-8809-57-8